U0341220

STEAM 走进奇妙的科学世界

机器人

[美]詹妮·弗雷特兰德 著

[智]宝琳娜·摩根 绘

黄蓉 译

读者出版社

目 录

在第26页看一看如何像机器人一样调动你的感觉器官。

在第8页看一看古代的机器人。

在第20页试着制作一个机械手。

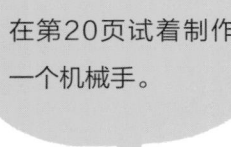

在第48页了解机器人的各种工作。

在第42页找一找机器人是怎么欺骗人类的。

在第40页试着写一写走出迷宫的程序。

机器人的大脑

在第38页给扮作机器人的朋友编程，做一份点心。

机器人的工作

在第52页认识太空中的机器人。

有关机器人的诗

你对机器人了解多少？你能写一首关于机器人的诗吗？

机器人

名叫机器人，却比机器强。

造车难不倒，踢球也擅长。

打扫不怕苦，灰尘一扫光。

轮子当作腿，履带奔四方。

声呐传感器，听音来导航。

计算机是脑，分析数据忙。

时时听指令，帮手美名扬。

机器人真棒

妈妈让我扫房间，可我一点也不想。

我的房间乱糟糟，清扫整理费时长。

真想有个机器人，替我打扫我的房。

漂亮围裙穿上身，机械扫帚拿手上。

脏污地板变光亮，任我翻滚到处躺。

要是妈妈看见了，她一定会怒火旺。

啊，机器人真棒！

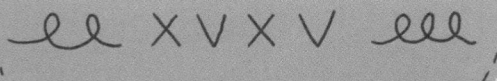

什么是机器人？

人们有很多不想做的事情。

幸运的是，机器人能为我们做这些工作！

四条腿的机器人可以帮助士兵在崎岖的路面上搬运装备。

扫地机器人可以清洁地板！

无聊和困难的工作

有些家务活很繁重，有些十分单调乏味。但机器人永远不会觉得无聊，它还很强壮，可以一遍又一遍重复同样的工作。

精细的工作

有些工作，比如做手术，是万万不能出错的。机器人永远不会累，也不会粗心，它的操作非常精确。

外科手术机器人可以修复心脏和其他身体部位。

机器人经常被送去危险的地方执行任务。

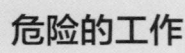

危险的工作

人类去不了火星，也无法进入活火山。这些事情都太危险，但机器人可以！如果机器人在执行任务中出现故障，我们还可以再造一个。

历史上的机器人

千百年来，全世界都在尝试创造类似真人的机器来为我们服务。

美国纽约

1939年，世界博览会展出了机器人Elektro，它可以行走和对话。

美国伊利诺伊州

1900年，《绿野仙踪》一书的主角之一是铁皮人，它是一个在奥兹国砍树的机械人。

意大利

1495年，达·芬奇设计了一个神奇的机械骑士。它可以坐起来，挥动手臂，头部还可以动。

机器人的英文为什么是robot？

1921年，戏剧《罗瑟森的万能机器人》（Rossum's Universal Robots）首次演出，捷克剧作家卡雷尔·恰佩克（Karel Capek）在其中引入了"机器人（robot）"一词来描述机械仆人。robot一词来源于捷克语robota，意思是"被强迫的劳动力"。

希腊

古希腊神话中，火神赫菲斯托斯建造了一个巨大的青铜机器人来保护克里特岛。

中国

传说，有人向周穆王进献了一个十分逼真的真人大小的机关人。它可以四处走动，甚至还会唱歌！

印度

在印度传说中，阿阇世王利用机械人来保卫圣物。

埃及

传说，古埃及有一座全是机械雕像的宫殿。那些雕像栩栩如生，人们甚至觉得它们是活的！

中东

12世纪早期，在现在土耳其的土地上，伊斯梅尔·阿尔-贾扎里（Ismail al-Jazari）创造了用水驱动的机械音乐家。

9

机器人是由什么组成的?

机器人的结构十分复杂！以下是一些最常见的机器人部件。

机器人的工具

机器人身体的每个部件都承担着不同的工作。传感器可以帮助机器人感知周围事物。手臂或轮子这样可移动的部件能让机器人活动起来去完成工作。机器人内部有一个处理器，这是机器人的"大脑"，它能够接受指令，并告诉机器人各个部件该做什么。

用来绘制环境地图的工具

用来定位的GPS工具

用来编写和运行程序的计算机

用来看周围世界的摄像头

能伸展的手臂

机器人部件

你相信吗？组成机器人的不少零部件都可以在你的家中找到。

日常用品

在家里转一圈，你会发现不少可以用作机器人零部件的物品。下面是一些你可能会发现的东西。

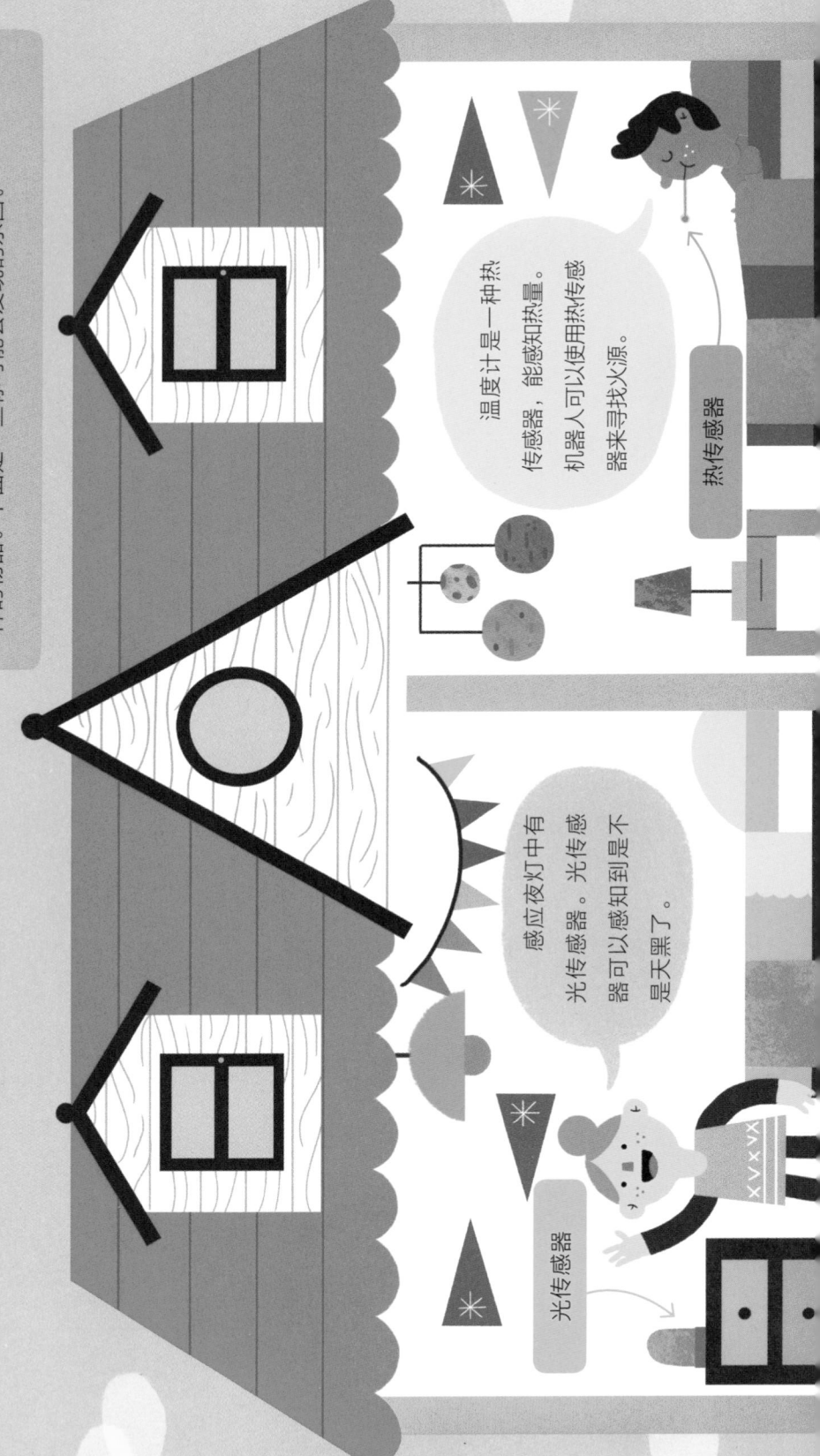

温度计是一种热传感器，能感知热量。机器人可以使用热传感器来寻找火源。

热传感器

感应夜灯中有光传感器。光传感器可以感知到是不是天黑了。

光传感器

制造身体

不同的机器人看起来差别巨大。每个机器人的身体都是为特定的任务而设计的。

机械手

在工厂组装汽车的机器人只负责一道工序，它只需不断地重复这项工作。这种机器人并不需要类似人的身体，它只是组装台上的一个机械手而已。

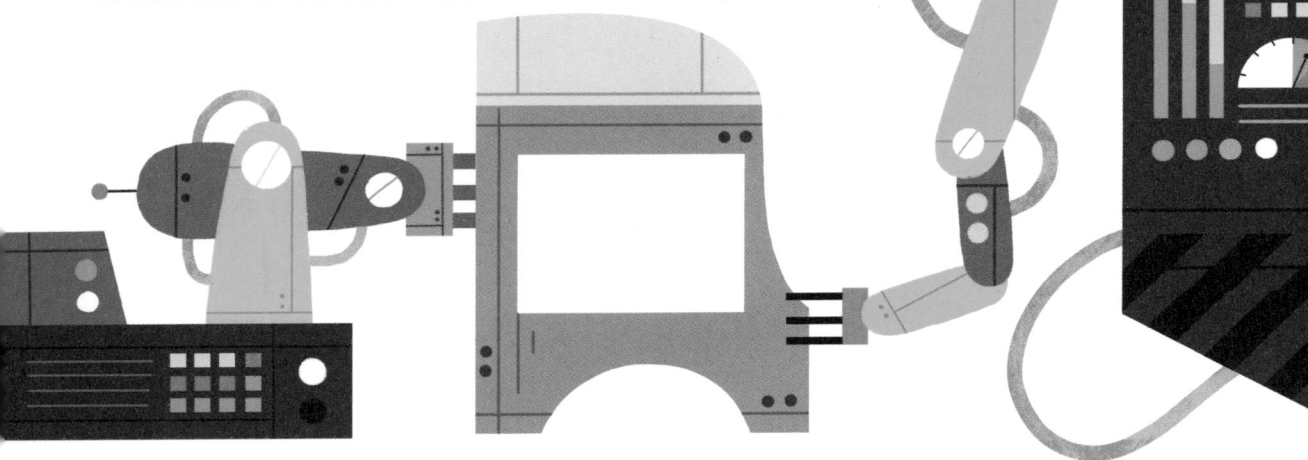

牢固的履带

有些机器人经过特殊设计，能够在碎石或不平的地面上移动。它们可能会像坦克一样配备履带。

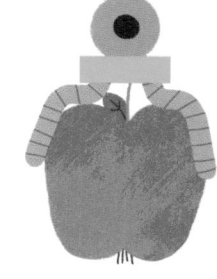

柔软的钳子

用来处理水果的机器手指必须十分柔软，这样才不会损伤脆弱的果肉。它们可能由软塑料甚至是明胶和水制成！

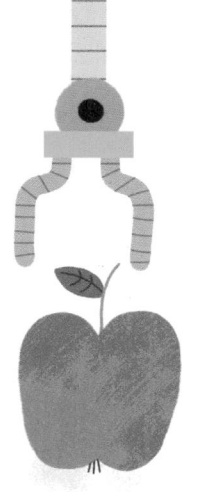

微型机器人

人类可以像吃药丸一样吞下微型机器人。它们可以在人体内修补人体组织，拍照或输送药物。

药丸机器人完成使命后，会被排出体外，在厕所结束它的生命。

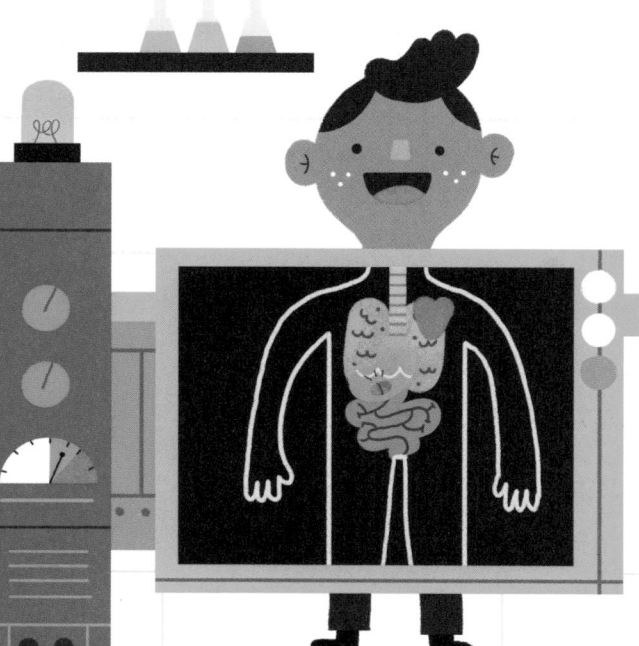

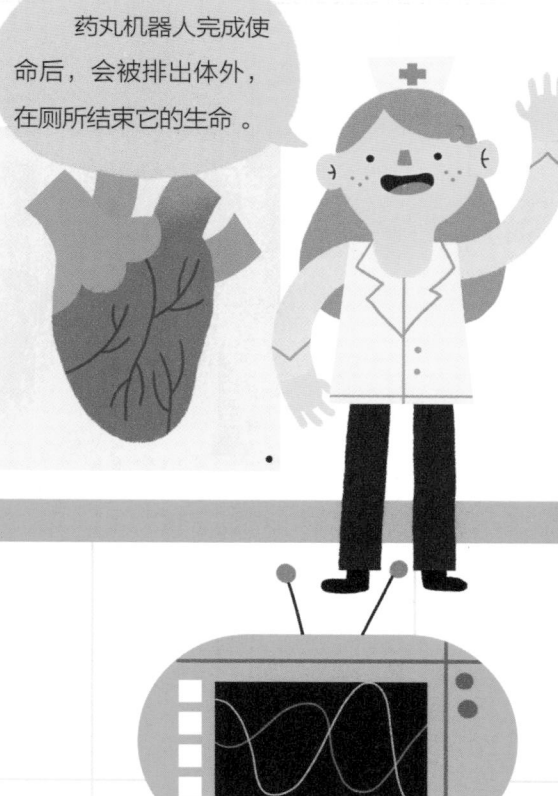

仿生机器人

探索

动物十分神奇！动物和它们特有的能力为我们提供了不少设计机器人的灵感。

六腿机器人能像昆虫一样轻松走过不平整的地面。

蛇形机器人的身体是一节一节的，由关节连接，能够滑过狭窄的过道。

有些机器人被设计成鱼形，可以在水中游动。

16

做一套机器人服装

你认为机器人是什么样子的？使用日用品做一套机器人服装吧。

怎么做

1 组装硬纸盒。展开纸盒的一个面，开口向下把纸盒放在桌子上。

2 小心地剪掉开口处的四片硬纸片。

3 请大人帮你在纸盒顶部剪一个圆孔。这个孔要足够大，让你的头可以轻松穿过。

④ 请大人在纸盒两侧各剪一个洞，让你的手臂可以穿过。

⑤ 试穿一下，纸盒合身吗？可以把洞剪得大些，确保纸盒能平衡地架在肩膀上，而且手臂可以自由活动。

⑥ 用金属箔纸、记号笔和其他东西来装饰吧！

用记号笔画出图案，或者在纸盒上贴一层金属箔纸，让它看起来有金属感。

你的机器人需要很多控制器吗？用瓶盖当按钮和旋钮吧。

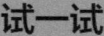

试一试

设计机器人服装时，请记住，每个机器人都是为特定的工作诞生的。你的机器人是做什么的？当你给它安装按钮、刻度盘或者开关时，试着解释一下它们各自的用途。

机械手

你想拥有一个机械手吗？用日用品做一个，然后测试它的抓力！

需要的工具：

- 金属衣架
- 细木棒（至少1米长）
- 胶带
- 塑料管（直径约2.5厘米，长1米）
- 橡皮筋
- 让机械手抓的东西，如纸张、毛绒玩具、饮料罐、书、番茄

怎么做

1 把金属衣架的两端向下弯曲，做成手指形。

弯曲衣架时，可以请大人帮助你。

2 让大人把衣架的挂钩拉直。

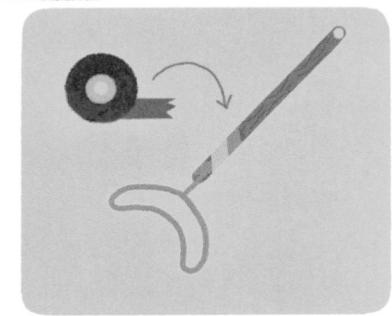

3 用胶带将木棒固定在拉直的挂钩上。

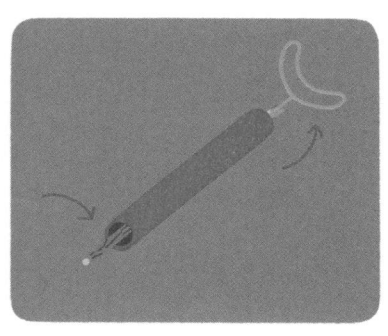

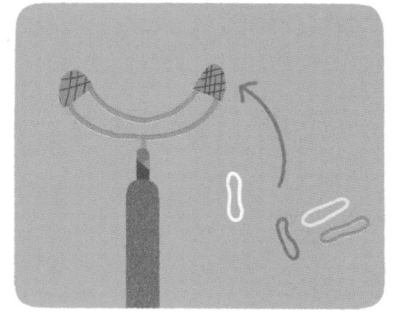

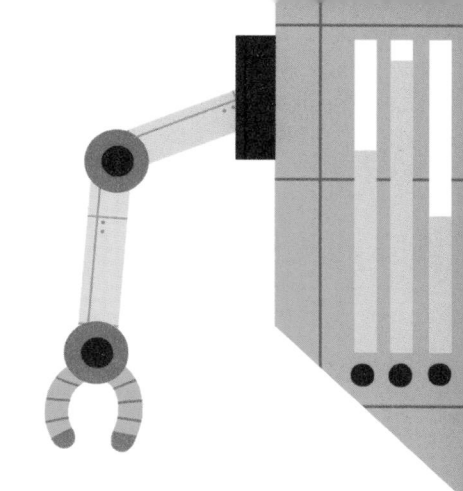

④ 把木棒套进塑料管，确保衣架"手指"的那一端露出来，而另一端也有一截木棒露出。

⑤ 用橡皮筋或胶带分别把两个"手指"的末端缠住，这样能让机械手更好地夹东西。

⑥ 往后拉木棒，两根"手指"会合拢；往前推木棒，两根"手指"会分开。

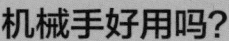

机械手能夹起房间里的哪些东西？

机械手好用吗？

你的机械手能夹起一张纸吗？一本书呢？一个番茄呢？机械手能方便地夹起一些东西，但夹不住另外一些东西。它不像你的手指那么灵活，你无法精确控制它。你能想出改进方法吗？

感知，思考，行动

机器人遵循一系列指令，也就是按程序行事。但最先进的机器人可以自己感知、思考和行动。

想一想

机器人可能比你想象中更像你。下雨时你是怎么知道要带伞的呢？因为你看到了雨或听到了雨声。你知道雨伞能帮你挡雨。于是，你拿起雨伞。像你一样，机器人也可以感知、思考和行动。它先收集**数据**，接着制定计划，然后按计划行动。

感知

首先，机器人使用传感器收集周围环境的信息。摄像头、麦克风和GPS都是传感器。**雷达和激光雷达**也是，它们发出信号，并等待信号反射回来。还有一些传感器负责测量压力和热量。

有东西挡住我的路了！

思考

接着，机器人的计算机系统将所有数据整合在一起，并依此绘制出周围的情况。这可以帮它制定计划，找到执行指令的最佳方式。

> 我有强壮的手臂。我可以把这根树干移开。

行动

最后，它会按计划行动。它会移动到计划要去的地方，举起计划要举起的东西。

你知道吗？

此刻就有一个机器人**探测车**在探索火星表面。它离我们太远了，人类无法直接操控它。它的程序让它按特定的路径前进，但在这条路上有一块石头。机器人会用传感器扫描这个区域，用计算机整合收集到的信息，找到一条安全的路径。然后它将沿着新的路径前进。

视觉和触觉

机器人需要知道周围的情况，才可以安全地移动。

传感器

机器人的传感器如同它的眼睛和耳朵。不同的传感器可以感知不同的东西，例如物体、声音、压力或热量。如果没有传感器，机器人就无法找到安全的路径。

真空吸尘机器人（扫地机器人）使用传感器来寻路。感觉到有东西挡路时，它就会改变方向。这样的**效率**并不高，但它迟早会把活干完。

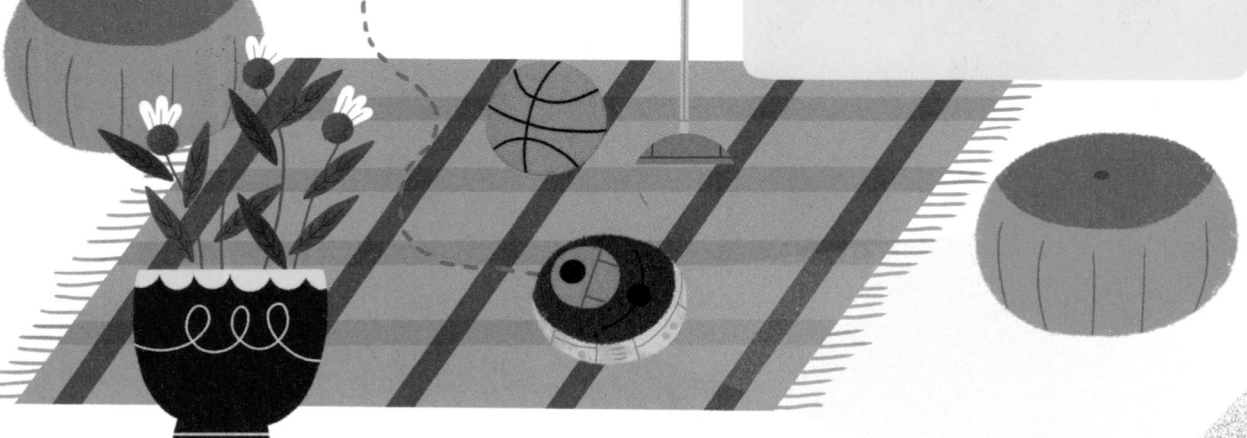

在不久的将来，可能所有汽车和卡车都可以自动驾驶，这要归功于高科技传感器！

传感器能保证自动驾驶汽车的安全。摄像头扫描道路，追踪车道标线和其他车辆。它们还会识别信号灯，所以汽车知道什么时候该停下来。GPS让汽车知道它在哪里，还能帮助汽车规划抵达目的地的最优路径。

搜救机器人负责搜寻被困在倒塌建筑物中的人。激光雷达能让它在黑暗中"看见"物体。热传感器探测被困者的体温，麦克风负责收集声音。

行星探测机器人可能有摄像头、GPS、激光雷达或雷达，以及一只可以感受压力的抓手。如果有岩石挡路，机器人会用传感器在周围寻找一条无障碍的路。

激光雷达使用**激光**来定位物体。雷达使用的是无线电波！

像机器人一样行动

传感器对机器人非常重要。让我们来弄清楚怎样让机器人"思考"和行动吧。

需要的工具:

· 用于创建障碍路线的物品,如椅子、垫子或盒子

· 一位朋友

· 蒙眼布

怎么做

① 首先,选一个安全的地方设置障碍路线。路线要简单、窄小,有环线和转弯。

左转

② 让朋友扮作机器人。

③ 蒙上他的眼睛,让他站在障碍路线的起点。

④ 给出每一步的指令,让朋友一步一步地执行。一次只走一步,以免出现意外。

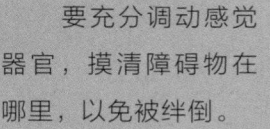

要充分调动感觉器官，摸清障碍物在哪里，以免被绊倒。

5 当朋友走完障碍路线后，请他说明哪些指令有用，哪些没用。

6 互换角色。让你的朋友创建一条新的障碍路线，这一次换你听他的指令！

发生了什么？

你的朋友相当于一个遥控机器人，而你就是遥控器。你朋友的五种感觉代表机器人的传感器。听觉让他听到你的指示，触觉提醒他避开障碍物。

试一试

试着为你们的障碍穿越编故事！比如，你的朋友可以假装自己是搜救机器人，他要在倒塌的建筑物中找到出路。

声音线索

你和机器人一样有声音传感器！试着用耳朵判断一下周围声源的位置和距离吧。

需要的工具：

- 一个朋友
- 椅子（可选）
- 蒙眼布
- 一支铅笔
- 声音线索记录单

怎么做

① 让朋友坐在椅子或地板上。给他系上蒙眼布。

② 站在朋友的后面、旁边或者前面，离朋友一步或三步远。然后发出声音，比如拍拍手。

③ 让朋友猜一猜声音的方向和远近。尝试各种不同的位置、距离和声音。记录下每一次你在哪里，做了什么，以及朋友的猜测。

④ 交换角色，重复上面的过程。

你的声音传感器的工作效果如何？

发生了什么？

看看记录单。你看出规律了吗？是不是有些声音比其他声音更容易定位？有些地方的声音更容易被识别出来呢？

声音线索记录单

位置	声音	距离	位置判断对错？	距离判断对错？
前面	哞	一步	错	对
后面	啪	三步	对	对

你知道吗？

机器人可以利用声音来描绘周围的环境。它发出的声波触碰到物体时会反射。传感器会接收这些返回的声波。计算机通过测量声波返回的时间，能判断出物体的距离。机器人利用这些信息就能绘制出所处环境的清晰图像。

利用声波收集信息的方法，就是声呐技术。

29

机器人天线

很多机器人都有**天线**。制作机器人天线，并弄清楚它们的用途。

需要的工具：

· 扭扭棒

· 儿童塑料发箍

· 胶枪

怎么做

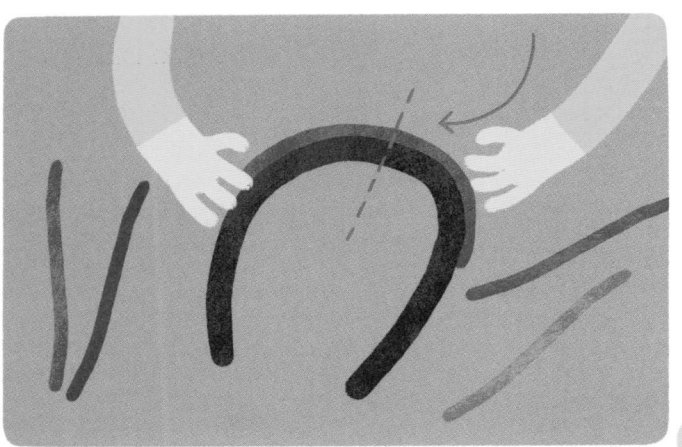

① 取一根扭扭棒，用胶固定在发箍的中间。
（使用胶枪时请让大人帮你。）

② 再拿两根扭扭棒，分别粘在发箍扭扭棒的两端，做成天线。

胶水很难清理！垫一些旧报纸来保护你的桌子。

你的天线是螺旋形、锯齿形还是其他什么形状呢?

③ 胶水冷却后,将天线未固定的部分弯曲,可以做成你喜欢的形状。

传感工具

天线很适合做传感工具,但这些细长的杆并不是机器人设计者唯一使用的传感工具。机器人还可能有摄像头、激光发射器、GPS和声呐设备,也可能配有监测压力和温度的传感器。

我的天线能发送和接收无线电信号。

我的天线能像猫的胡须一样感知障碍物!

触摸线索

试着像机器人一样感受并识别藏在袋子里面的秘密物品吧。

怎么做

需要的工具：

· 几个朋友

· 小纸袋

· 铅笔

· 放入袋子里的小物件

· 触摸记录表

① 给每个朋友一个小纸袋。让他们往袋子里放一个物件，比如蜡笔、羽毛、橡皮或勺子。

② 让每个朋友在袋子上写上他们的名字。然后把袋子封好。

③ 把袋子的顺序打乱。给每个朋友发一个袋子以及一张记录表。

确保每个人拿到的袋子都不是他自己的！

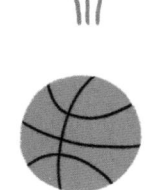

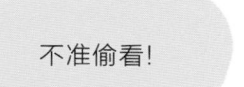

④ 判断袋子里的物件是什么。可以举起袋子，轻轻地摇晃，隔着袋子摸，或者闻一闻。也可以用铅笔去戳里面的东西，只要不打开袋子偷看就行。

⑤ 在记录表上写下判断结果。试着猜一下袋子里装的是什么，然后写下猜想。

⑥ 打开袋子看一看里面装的到底是什么。

属性	感知方法	发现	猜想
形状	触摸	又长又细	绳子
重量	举起	比一根绳子重	铅笔
大小			
质地			
气味			
声音			

发生了什么？

机器人利用传感器来收集未知物体的特征信息。然后，它们将这些信息与识别程序中的物体事实进行比较。每一个匹配的事实都是机器人用来识别物体的线索。

33

计算机和程序

计算机是机器人的核心。机器人用计算机进行思考。

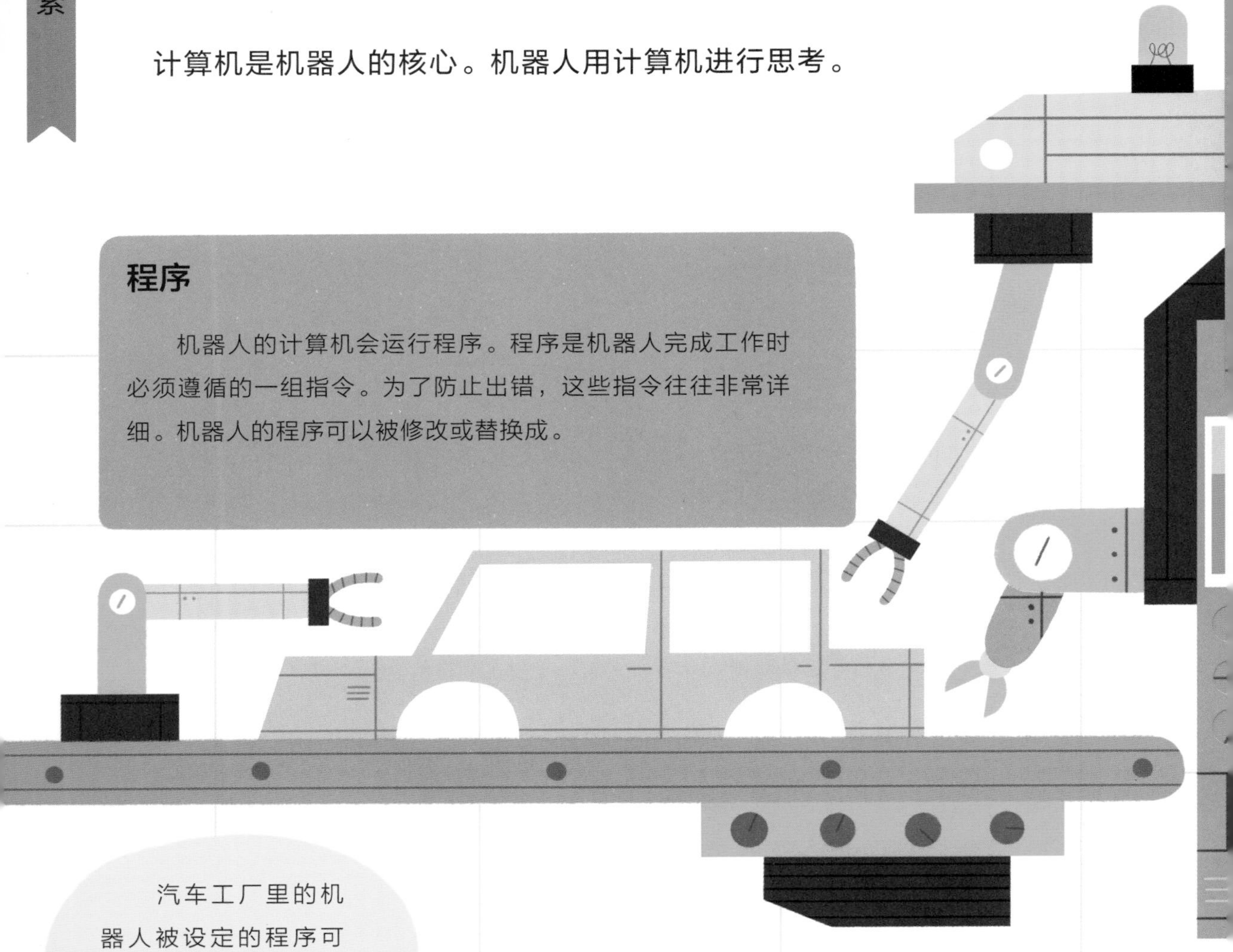

程序

　　机器人的计算机会运行程序。程序是机器人完成工作时必须遵循的一组指令。为了防止出错，这些指令往往非常详细。机器人的程序可以被修改或替换成。

汽车工厂里的机器人被设定的程序可能就是用螺丝把金属片固定在一起。

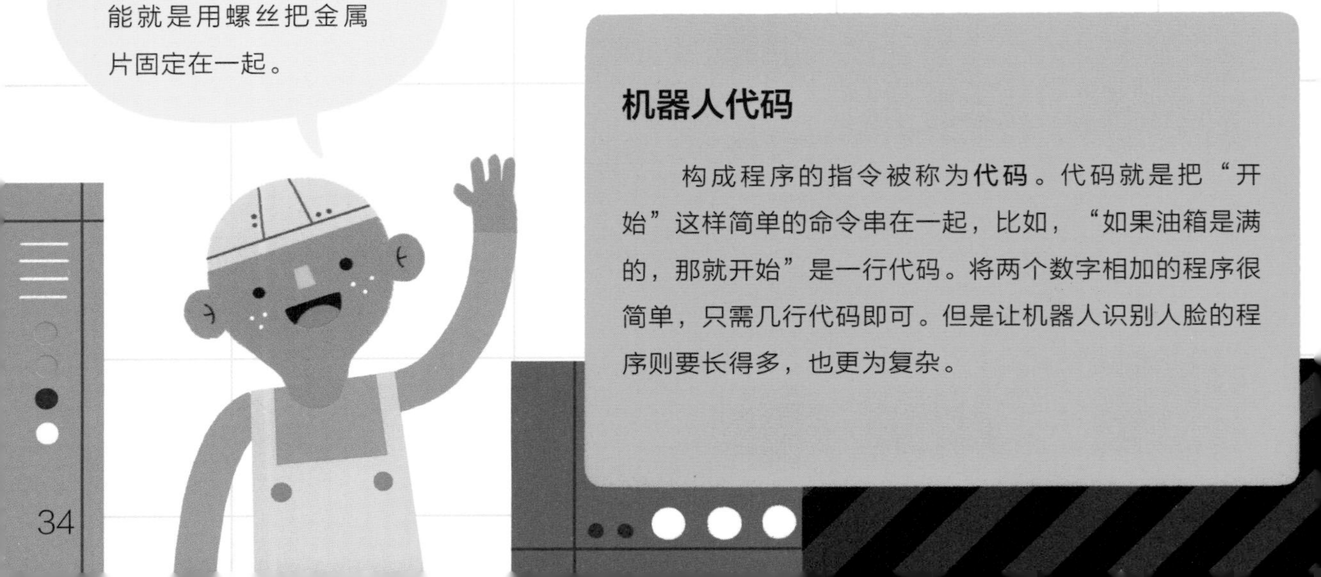

机器人代码

　　构成程序的指令被称为**代码**。代码就是把"开始"这样简单的命令串在一起，比如，"如果油箱是满的，那就开始"是一行代码。将两个数字相加的程序很简单，只需几行代码即可。但是让机器人识别人脸的程序则要长得多，也更为复杂。

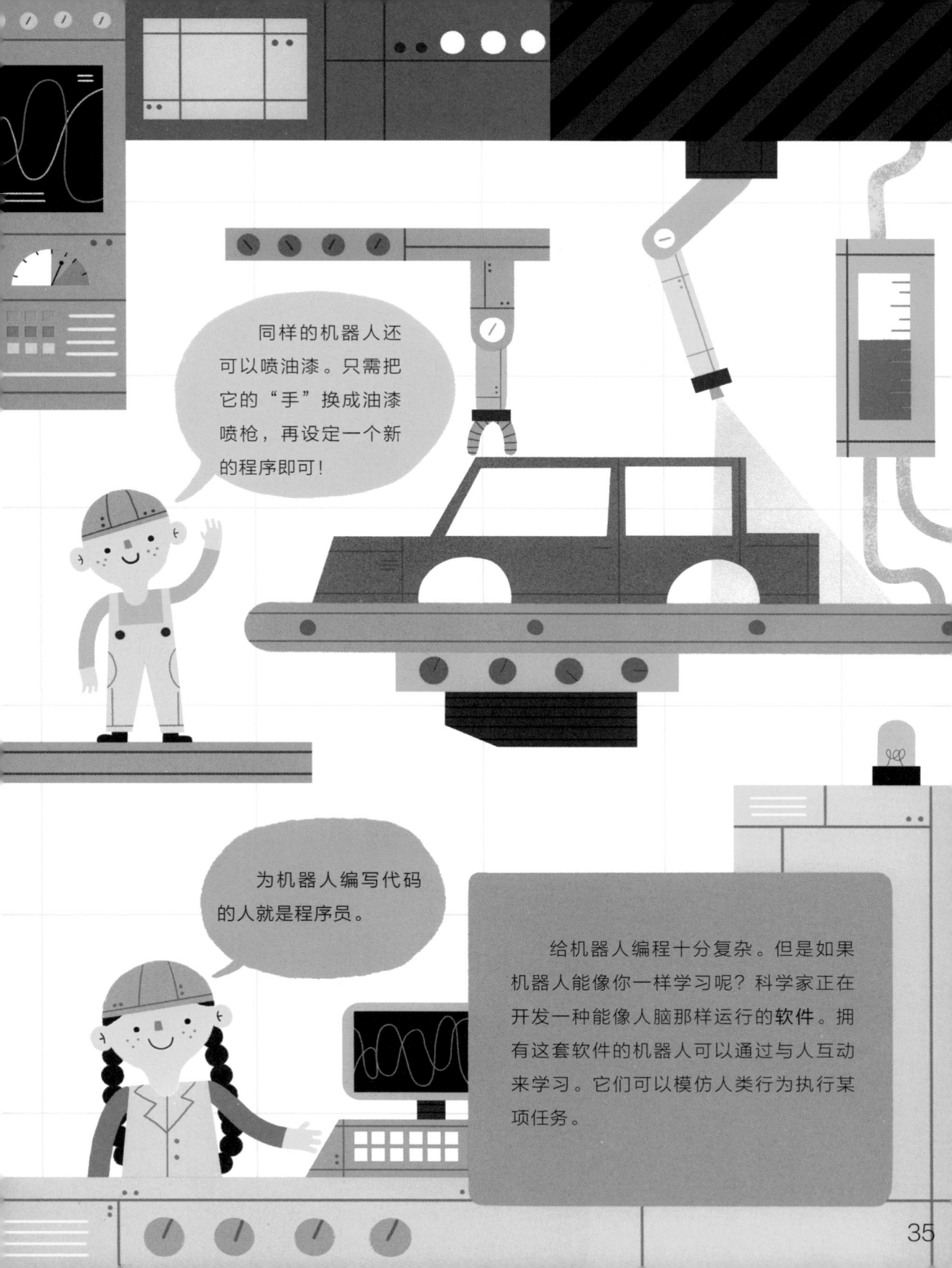

同样的机器人还可以喷油漆。只需把它的"手"换成油漆喷枪，再设定一个新的程序即可！

为机器人编写代码的人就是程序员。

给机器人编程十分复杂。但是如果机器人能像你一样学习呢？科学家正在开发一种能像人脑那样运行的**软件**。拥有这套软件的机器人可以通过与人互动来学习。它们可以模仿人类行为执行某项任务。

运行一个简单的程序

你可以像机器人一样运行程序。你需要的只是一群朋友而已。

怎么做

① 你的目标是给朋友由矮到高进行排序。让他们随机站成一行，在记录单上记录下人数。

② 先比较最左边的两个人。左边的人比右边的人高吗？如果是，就让他们交换位置。

人数	|||
比较的次数	
交换的次数	
排序的轮数	

③ 每次进行比较和交换时都在记录单上做记录，这样能追踪你做了多少次比较和交换。

④ 再比较与第一对相邻的右边这一对，如果左边比右边高就交换位置。重复这一过程，直到最右边的两人比较完毕，一轮排序结束。

⑤ 回到最左边的两个人，重复以上步骤，直到所有人都无须交换位置。每次你从最左边开始比较时，就在记录表上做记录。

发生了什么？

你刚刚运行了一个排序程序！如果计算机要给数字排序，它也会执行相同的程序。排序的方法有很多，这种方法被称为"冒泡排序"。因为最大的或最高的"气泡"会经由交换慢慢"浮"到顶端。

你可以用"冒泡排序"法按年龄进行排序，还可以根据大小或颜色来排序。

机器人做三明治

到了把你的朋友变成机器人的时间了。如果你做得好，你也许会得到一份美味的点心噢！

需要的工具

· 记录单

· 切片奶酪和两片面包片

怎么做

1 在记录单上，写下制作简单的奶酪三明治所需的步骤。需要几步，就写几行。

步骤	结果	调整
1. 把右臂向前伸		
2. 抓住面包		

2 请一个朋友严格按照你写的步骤去做。步骤之外，都不要做。

③ 你的朋友能成功进行几步呢？把错误记录下来，并制定一个新的计划。然后重写指令，再试一次。

步骤	结果	调整
1. 把右臂向前伸	手臂越过了食物	加一步：放低手臂，直到触碰到食物
2. 抓住面包	因为第一步中手臂越过了食物，现在面包在手臂下方很远处	

真好吃！

发生了什么？

你很快就会意识到，让朋友伸手去拿奶酪是不够的。你的指令必须非常具体。他们的手臂应该伸多远？向上还是向下？向上或向下多少？他们应该什么时候用手指去抓？什么时候又该松手？

创建程序

很多程序都是通过编写一组详细的指令而创建的。但你也可以简单地通过指导机器人完成一个任务来创建程序。机器人会"记住"它们的动作，然后创建出程序。

还可以给朋友设定哪些任务程序？

迷宫脱身

帮帮忙！你能通过解读代码，帮助迷路的机器人走出迷宫吗？

怎么做

1 使用"指令"框中列出的指令让机器人从迷宫中心移动到A出口。移动时，必须遵守下面"规则"框中所列的规则。

2 使用同样的指令让机器人从B、C和D口出来。指令的顺序会不一样哦！

规则

1 可以根据需要多次使用同一指令。

2 可以任意排列这些指令。

3 机器人只能朝它的正前方移动。

4 机器人面朝箭头所指方向站在出口格上，就算走出了迷宫。

出口C

出口B

出口A

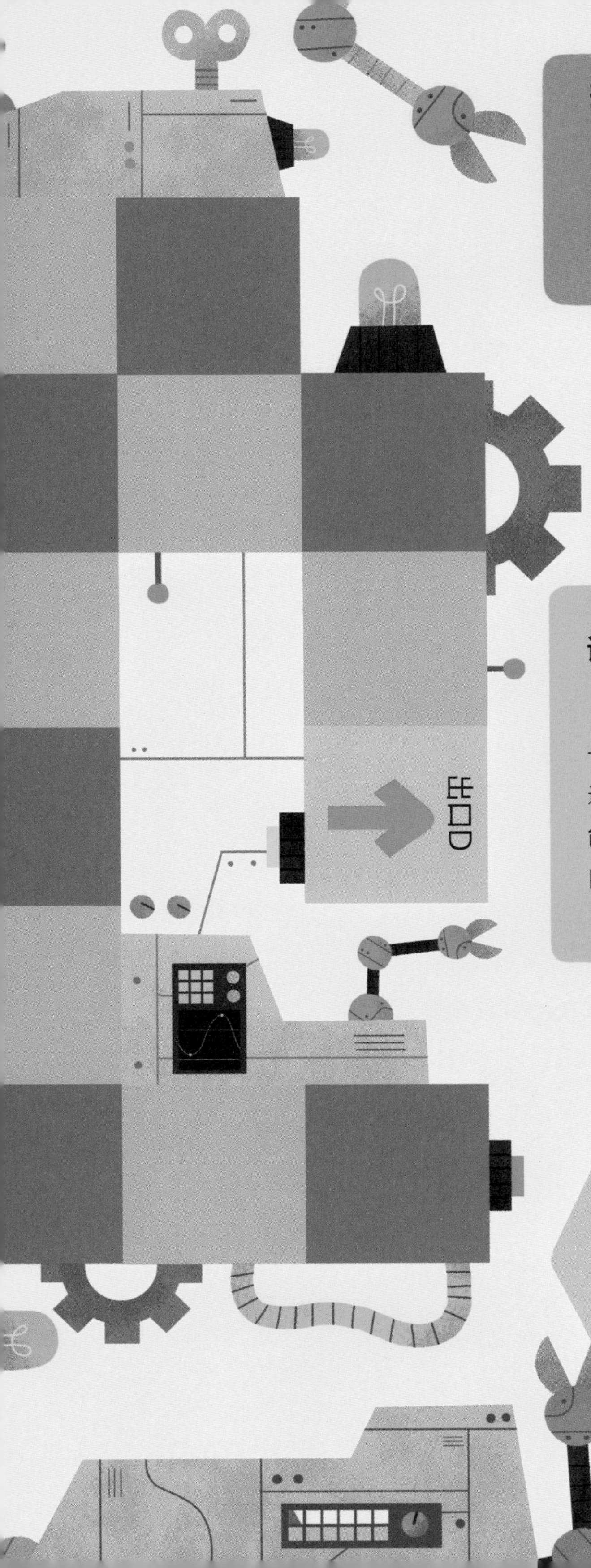

指令

· 向前走一格

· 向左转

· 向右转

哇！我刚写了一个程序！

试一试

假设这个机器人带着一个油漆刷。你能写一个程序让它画出字母T吗？画字母L呢？你还可以试着创建一个迷宫，然后看看你的朋友能不能写一个走出来的指令。试试想出更多不同的挑战方式和指令。

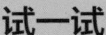

你怎么做?

以下是走到A出口的最快步骤。

· 向前走一格

· 向左转

· 向前走一格

· 向左转

· 向前走一格

· 向前走一格

人工智能

能干活的机器人非常有价值。但我们能设计出真正智能的机器人吗？

什么是智能？

智能是学习知识和技能并应用这些知识和技能的能力。你是智能的。你的宠物也是智能的。但对于一台机器来说，智能究竟是什么？我们怎么判断它是不是智能的？

天生智能或人工智能？

你和动物是"天生的智能"。当计算机或机器人模仿人类智能时，我们称之为人工智能。

图灵测试

科学家艾伦·图灵提出了一项测试，用以判断一台机器是否具有人工智能。在图灵测试中，测试人员通过键盘和被测试者进行两次聊天。一次是和人工智能聊，一次是和真人聊。测试人员不会看到他们的聊天对象。

提问

　　测试人员和被测试者互相提问和回答问题。他们会讨论各种各样的话题。测试人员并不知道哪个是计算机，哪个是真人。

你最喜欢什么颜色？

我最喜欢绿色。

做判断！

　　测试结束时，测试人员会猜测哪一场是在和真人对话。如果测试人员无法分辨出差异，把人工智能判断成了真人，那么人工智能就成功地模仿了人类智能。

如果你是测试人员，你会问什么问题呢？

你知道吗？

　　2014年，有一个人工智能首次通过了图灵测试。这个人工智能假装自己是一个13岁的男孩！

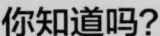

装扮机器人

即使机器人能像人一样思考，它可能还是看起来让人害怕。
怎样能让一个机器人看起来更友好呢？

机器人的脸

机器人的设计者正在努力制造看起来像人类的机器人。他们在金属部件上覆盖硅胶，把硅胶塑形并涂上颜色，让它看起来像一张人脸，然后通过编程让机器人拥有不同的表情。

这个机器人有一个人脸识别程序。当它看到一张人脸……

它会眯起眼睛，

嘴角上扬，

科学家已经证明，很多人更喜欢发女声的机器人。

并说"你好"。

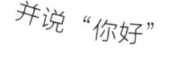

你好，机器人！

你好，克莱尔！

想一想

如果机器人长得太像真人了，有些人会觉得不舒服。你是愿意和一个看起来像机器的机器人说话，还是愿意和看起来像真人的机器人说话呢？

45

情感程序

机器人没有真正的情感。但你可以通过编写情感程序，让它看起来有情感！

需要的工具：

· 机器人的脸部模板（见第60~61页的模板）

· 剪刀

· 印有各种眼睛、眉毛和嘴的纸条（见第60~61页的模板）

怎么做

① 准备好机器人的脸部模板。

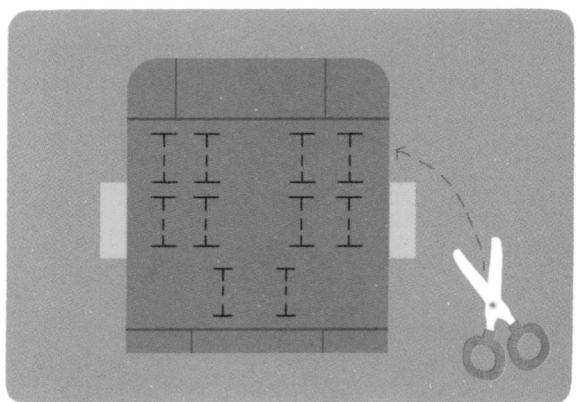

② 沿模板上的虚线剪开。

③ 剪下印有眼睛、眉毛和嘴巴的纸条。（不同特征的器官反映机器人不同的面部表情。）

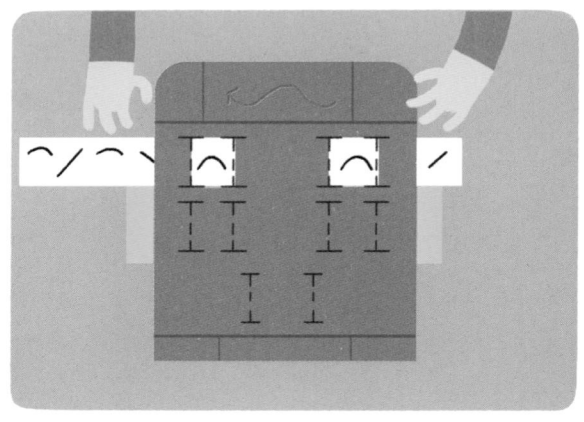

④ 把眉毛纸条穿进切口。

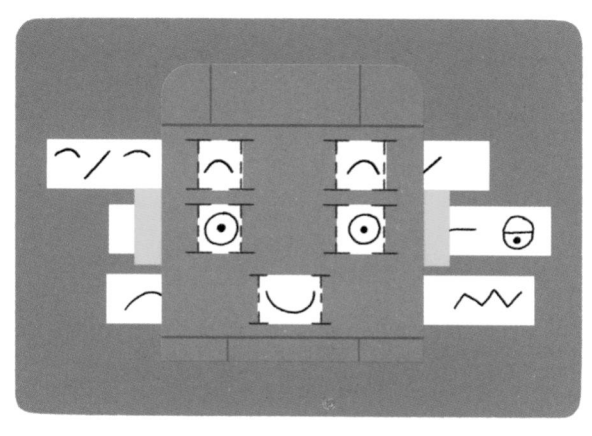

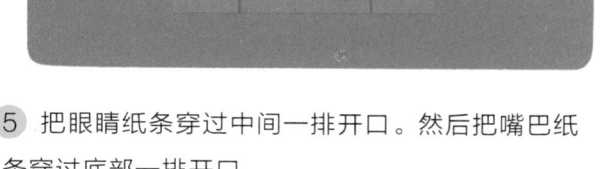

5 把眼睛纸条穿过中间一排开口。然后把嘴巴纸条穿过底部一排开口。

6 你可以左右推拉纸条交换表情，给机器人编程，显示出不同的情绪。

发生了什么？

　　每一组眉毛、眼睛和嘴巴都是不同的。当它们被组合在一起时，就形成了一个独特的表情。怎样的组合会让机器人看起来很开心？你能改变一个或多个表情特征使它看起来生气或悲伤吗？

试一试

　　你的机器人还能表现出其他情绪吗？画出带有不同眼睛、眉毛和嘴巴的纸条，找朋友来看一看这些不同的组合。他们能准确猜出机器人的情绪吗？

机器人的工作

不管你有没有意识到，机器人每天都在我们的身边工作着。

机器人可以清洁窗户，甚至可以为购物中心提供安全保障！

谁需要真的宠物？机器玩具狗很会玩追球游戏。

汽车是由工厂机器人制造的。自动驾驶汽车本身就是机器人！

无人机可以用来运送物品。不久的将来，一群无人机就可以把包裹送到我们的家中。

很多人都接受过外科手术机器人操作的手术！

为了让草坪看起来整洁清爽，很多人用割草机器人修剪草坪。

外带食物中的有些食物可能是由机器人打包的。

49

棘手的工作

机器人会去做那些对人来说太枯燥、肮脏、精细或危险的工作。你能将以下机器人与它们各自的工作场所配对吗?

探测车在月球和其他星球上收集信息做实验。火星上存在过生命吗? 我们能住在月球上吗? 机器人将帮助我们找到答案。

救援机器人可以轻松地在瓦砾堆中或者狭小的空间里工作。这些机器人通常是可遥控的。摄像头和麦克风会将视频和音频发回给操控者。

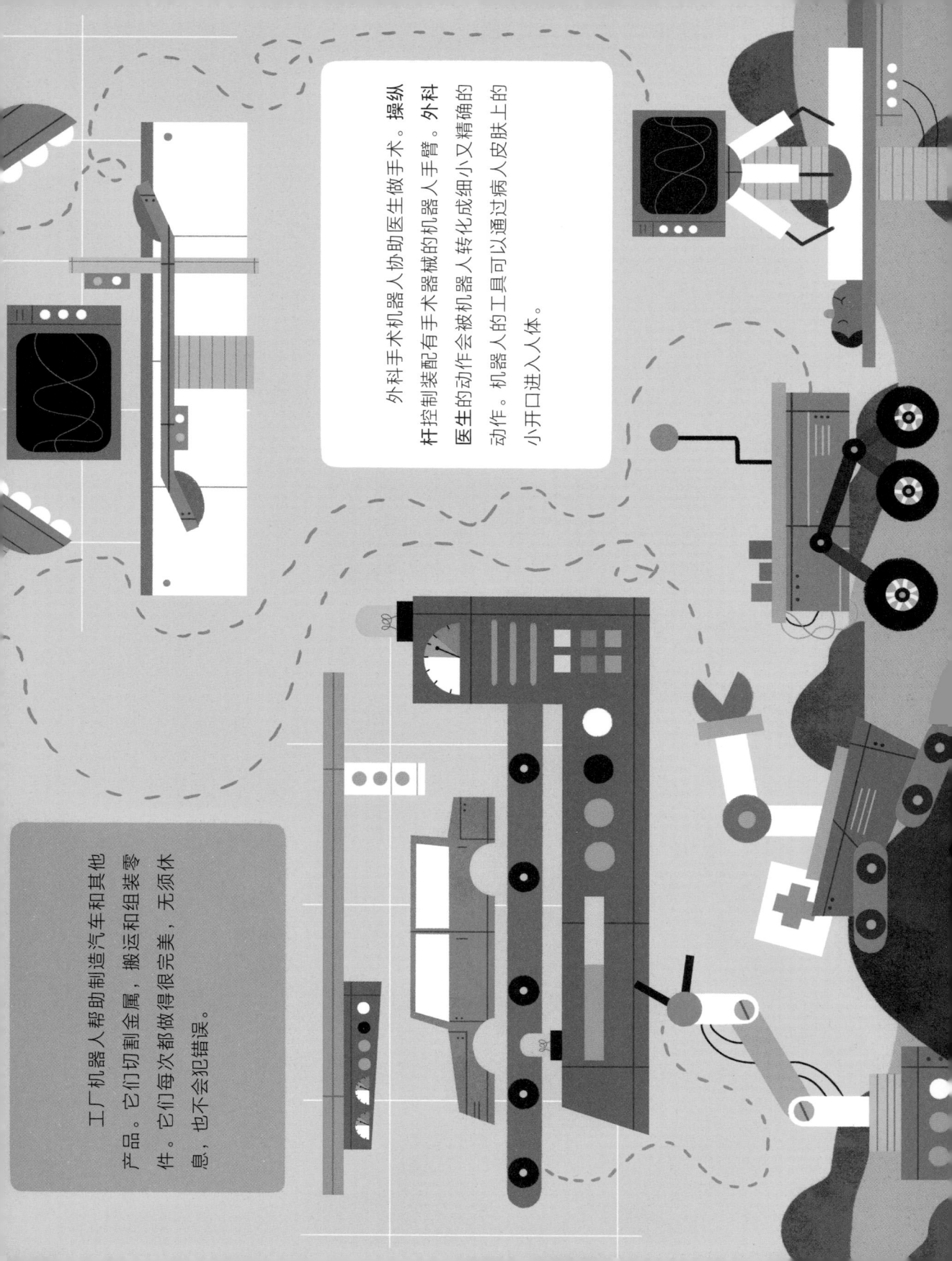

外科手术机器人协助医生做手术。操纵杆控制装配有手术器械的机器人手臂。外科医生的动作会被机器人转化成细小又精确的动作。机器人的工具可以通过病人皮肤上的小开口进入人体。

工厂机器人帮助制造汽车和其他产品。它们切割金属，搬运和组装零件。它们每次都做得很完美，无须休息，也不会犯错误。

太空探测者

很多机器人在太空工作。下面列出的只是其中的几个。

为什么发送机器人？

太空并不适合人类生存。宇航员需要一套增压服来保护他们的身体。他们还需要空气、水和食物。相比之下，机器人在太空旅行就容易得多。只要有动力和程序，机器人就可以遨游太空。

旅行者

旅行者1号是一艘宇宙飞船。它是离地球最远的人造物体，但它仍然能接收和运行新的程序。它发回了木星和土星的照片，并收集了关于这两颗行星的卫星、天气和行星环的信息。它已经在太空旅行四十多年了！

地球上有哪些地方让机器人去探索比让人类去更安全？

机器人还能做其他哪些危险的工作呢？

空间站

国际空间站有一个机械臂名为加拿大机械臂2号。这个机械臂通过添加新部件的方式帮助建造了国际空间站。现在它被用来抓取或释放卫星。它甚至可以帮助正在太空行走的宇航员移动！

宇航员机器人

宇航员机器人也在国际空间站工作。这个人形机器人有手掌和手臂，会使用工具。它帮助宇航员维持空间站的正常运转。

火星探测器

"好奇号"行星探测器目前正在研究火星上的岩石和气候。它可以采集火星土壤样本并进行分析。它收集的数据帮助科学家们更好地了解火星。"好奇号"甚至有可能找到火星上曾拥有生命的迹象！

53

探测车

用各种意面制作行星探测车。然后把它送上太空去执行任务，或者把它送到客厅里！

需要的工具：

· 纸和铅笔

· 各种造型的意面，包括车轮面、长面、斜管面、蝴蝶面和千层面

· 胶枪

· 颜料、发光小饰物和其他装饰品

· 用来当斜坡坡面的金属板、木板或者重塑料板

· 几本用来搭建斜坡的书

怎么做

1 摆出各种造型的意面，制定一个计划。你怎样使用这些造型各异的意面造一辆探测车？把你的想法写在纸上。

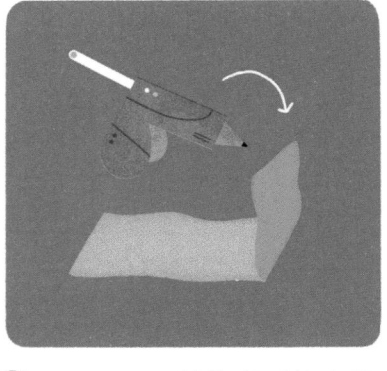

2 用千层面和其他类型的意面来建造探测车的车身。用胶枪把它们粘起来。

3 添加一些特别的东西，比如用蝴蝶面来代表摄像头，或者用长面做机械手臂。

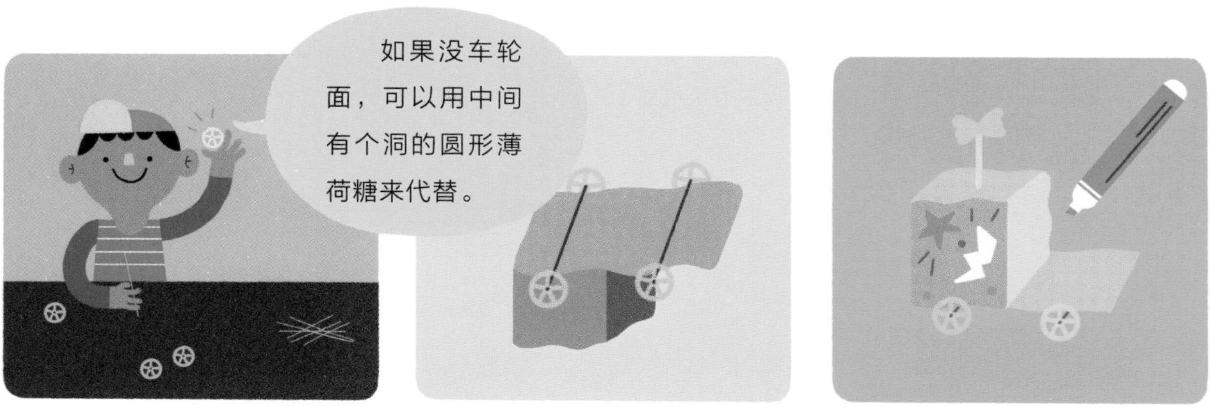

④ 把长面穿过"车轮"上的洞。确保轮子能在它们的长面轴上自由旋转。

⑤ 把两根轴粘在已完成的车身的下面。

⑥ 用颜料、记号笔和发光小饰物装饰你的探测车。

试一试

将木板（或者塑料板、金属板）的一端放在地板上，将另一端搭在一摞书上，创造出一个斜坡。确保斜坡下方还有足够空间让探测车能惯性滑动。现在，把探测车放在斜坡顶部，松手让它往下滑。

请朋友也做一辆探测车，然后和他比比看，哪辆探测车跑得更快？

机器人设计师

人类设计机器人，让它们做人类不想从事的工作。你会设计出做什么工作的机器人呢？

机器人会让生活变得轻松很多！

怎么做

① 想出一种你经常做但很不喜欢做的事，比如整理床铺、铺桌子，或者叠衣服。

② 想想如何设计机器人完成这项工作。它需要什么？需要摄像头来看东西吗？它靠什么移动呢？轮子、履带、脚或其他什么东西？它需要手臂吗？一个还是两个？

3 画出你设计的机器人。记得写上名字以及材质，标注它使用的传感器，并写下它是怎么移动的。

你的机器人能做什么？哪些事情是它做不了的？

我可以为你准备一份点心！

扬声器

烤箱

菜单打印机

你知道谁家里有机器人？那个机器人是做什么的？

试一试

让朋友设计一个相同功能的机器人。现在比较一下你们的机器人。它们有哪些地方相同？哪些地方不同？

制作机器人

制作一个有趣的、可以自己移动的机器人玩具吧！

需要的工具：

- 泡沫板
- 剪刀
- 胶枪
- 3V马达
- 5号电池
- 回形针或牙刷头
- 绝缘胶带
- 两根7~13厘米长、带橡胶皮的电线
- 珠子、鼓鼓的眼睛状饰品或其他装饰
- 一位提供帮助的大人

怎么做

① 剪一块与马达尺寸吻合的泡沫板。

② 让大人帮你用胶枪把泡沫板固定在发动机上，确保马达上的金属电极朝上。

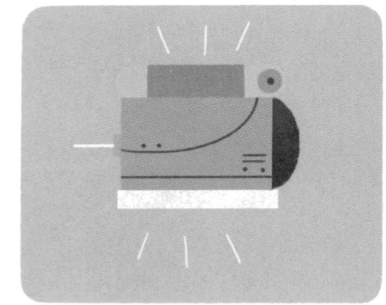

③ 把电池粘在马达上。

④ 将一个珠子或一小块泡沫塑料粘在马达的轴上。

⑤ 弯折回形针作为机器人的腿。把它们粘在泡沫板下。

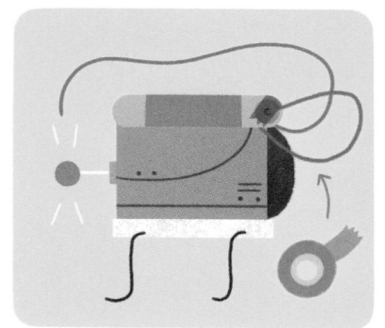

⑥ 让大人帮你把两根电线分别缠到马达的两个金属**电极**上。

⑦ 用绝缘胶带将其中一根电线的末端连接到电池的一端。

⑧ 给机器人粘上眼睛、鼻子、天线和其他装饰,让它更有个性。

⑨ 用绝缘胶带把第二根电线的末端接在电池的另一端。把你的机器人放在平面上,看它移动!

试一试

　　如果想让机器人有很多条腿,那就试试牙刷头吧!请大人帮你剪下一个牙刷头,然后用胶把它粘到泡沫板下。

模板

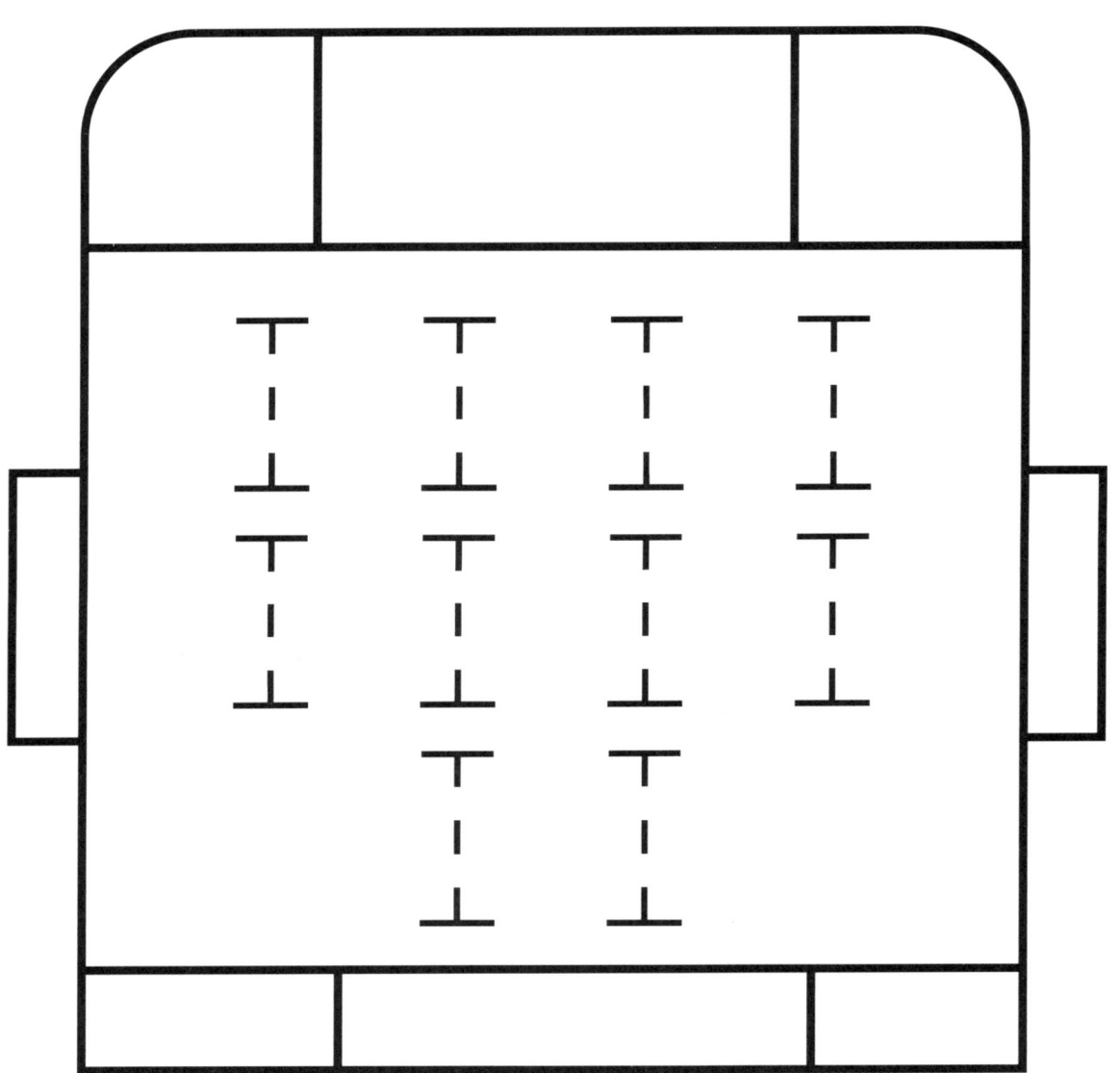

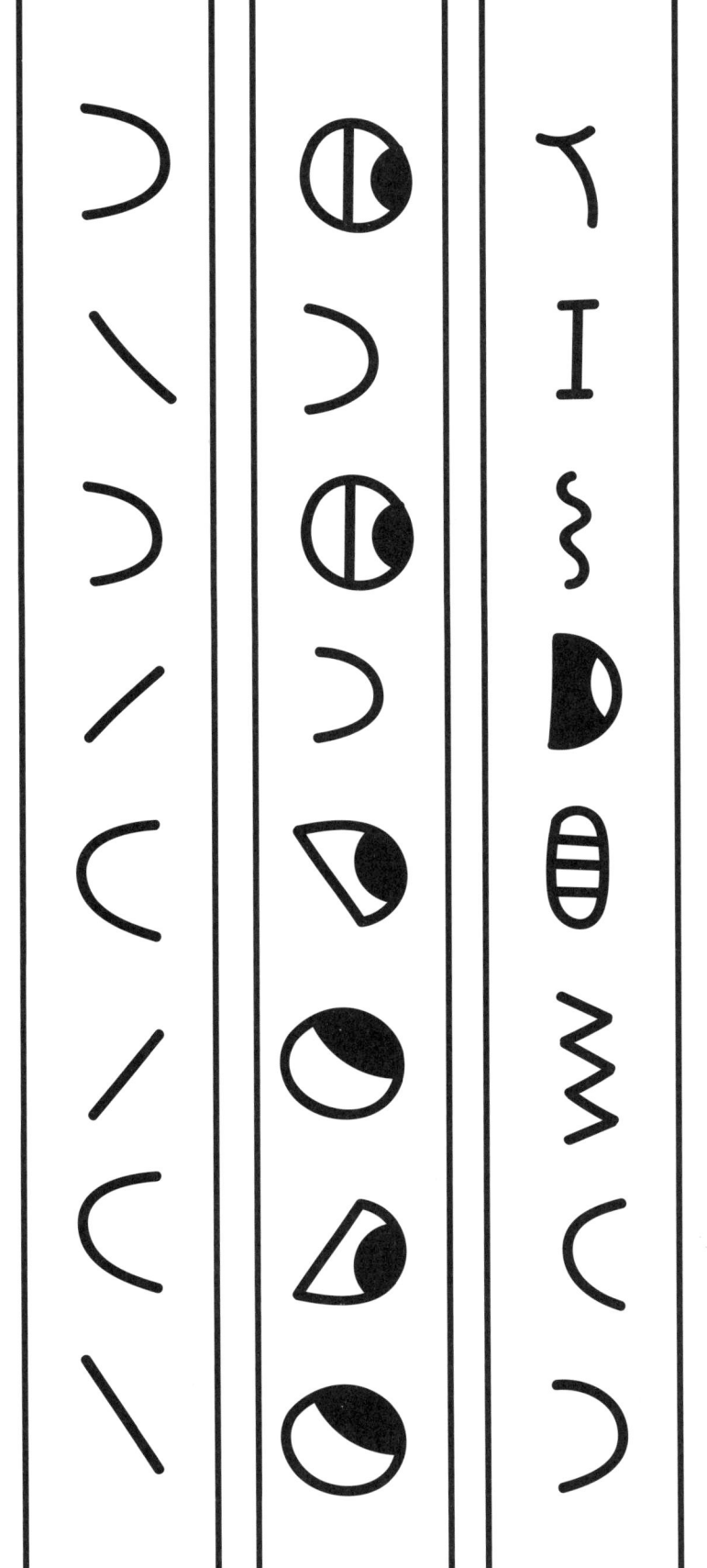

词汇表

GPS（全球定位系统） 一个利用卫星信号确定地球表面或地球上方无线电接收器的位置的系统。

操纵杆 一种将塑料杆的运动转换成计算机能处理的电子信息的物理设备。

程序 一组让计算机一步一步处理数据的指令。

处理器 计算机中用来处理数据的重要部件。

传动装置 控制车辆的速度和行进方向的齿轮组合。

传感器 一种能够检测热量、声音或压力等变化的仪器。

代码 计算机的一组指令。

电极 接上电源能让电流通过的接头。

硅胶 一种用于模仿人体皮肤的柔软人造材料。

激光雷达 一种利用激光束来探测和定位物体的装置。

激光 一种非常窄小、威力巨大的光束。

雷达 一种使用无线电波探测和定位物体的装置。

履带 推土机等车辆在其上行进的金属带。

明胶 通过熬煮动物的身体组织而获得的柔软的胶状蛋白质。

躯干 除开头部、手臂和腿的身体部位。

人工智能 机器模仿人类智能行为的能力。

人形机器人 类似人类的机器人。

软件　计算机使用的程序和相关信息。

声呐　全称为声音导航与测距，是一种利用声波探测和定位水下物体的装置。

数据　可用于计算、推理或规划的事实。

胎面　轮子、轮胎或履带上的与道路或其他表面接触的带纹路的部分。

探测车　能在坎坷地面上移动的用于探索的机器人。

天线　用于感知或收发无线电信号的设备。

外科医生　做手术的医生。

卫星　一种环绕地球、月球或其他天体运行的人造装置。

无人机　没有飞行员驾驶的由无线电信号控制的飞机。

压力　物体直接接触另一物体所产生的力。

效率　能用最少的能源或材料消耗达成预期结果。

增压　加压使气压保持与地球上的水平相一致。

著作权合同登记图字：26—2018—0086

图书在版编目（CIP）数据

机器人 ／〔美〕詹妮·弗雷特兰德著；〔智〕宝琳娜·摩
根绘；黄蓉译 . —— 兰州：读者出版社，2018.12（2020.9 重印）
（走进奇妙的科学世界）
ISBN 978—7—5527—0351—1

Ⅰ . ①机… Ⅱ . ①詹… ②宝… ③黄… Ⅲ . ①机器人－青
少年读物 Ⅳ . ① TP242—49

中国版本图书馆 CIP 数据核字（2018）第 289621 号

机器人

[美] 詹妮·弗雷特兰德 　著
[智] 宝琳娜·摩根 　绘
黄　蓉　译

责任编辑　漆晓勤
特约编辑　余雯婧　黄　刚
装帧设计　陈　玲
内文制作　陈　玲

出　　版　读者出版社（兰州市读者大道568号）
发　　行　新经典发行有限公司　电话 (010)68423599
　　　　　邮箱 editor@readinglife.com
经　　销　新华书店
印　　刷　北京利丰雅高长城印刷有限公司
开　　本　787毫米×1092毫米　1/16
印　　张　4
字　　数　13千
版　　次　2019年2月第1版
印　　次　2020年9月第2次印刷
书　　号　ISBN 978—7—5527—0351—1
定　　价　39.80元

现在，你已经很了解机器人了！看看你能找出多少种隐藏在你身边的机器人？